BEI GRIN MACHT SICH IHR WISSEN BEZAHLT

Bibliografische Information der Deutschen Nationalbibliothek:

Die Deutsche Bibliothek verzeichnet diese Publikation in der Deutschen National-
bibliografie; detaillierte bibliografische Daten sind im Internet über http://dnb.d-
nb.de/ abrufbar.

Impressum:

Copyright © 2002 GRIN Verlag, Open Publishing GmbH
Druck und Bindung: Books on Demand GmbH, Norderstedt Germany
ISBN: 9783638765206

Dieses Buch bei GRIN:

http://www.grin.com/de/e-book/52743/nutzung-veroeffentlichter-unterrichtspraxis-
durch-die-adressaten

Bartosz Nowak

Nutzung veröffentlichter Unterrichtspraxis durch die Adressaten

GRIN Verlag

GRIN - Your knowledge has value

Der GRIN Verlag publiziert seit 1998 wissenschaftliche Arbeiten von Studenten, Hochschullehrern und anderen Akademikern als eBook und gedrucktes Buch. Die Verlagswebsite www.grin.com ist die ideale Plattform zur Veröffentlichung von Hausarbeiten, Abschlussarbeiten, wissenschaftlichen Aufsätzen, Dissertationen und Fachbüchern.

FU Berlin
Fachbereich Philosophie und Geisteswissenschaften

Nutzung veröffentlichter Unterrichtspraxis durch die Adressaten

HS DG: Analyse veröffentlichter Unterrichtspraxis

SS 2002

Bartosz Nowak

Inhaltsverzeichnis

Einführung

Veröffentlichte Praxis. Ein Begriff, der einem Lehramtsstudenten durchaus geläufig ist. Doch wie wird die veröffentlichte Praxis genutzt? Zu welchem Zweck wird Sie gebraucht, findet sie auch eine Zustimmung bei den praktizierenden Lehrern? Werden die Beiträge überhaupt gelesen?

Das sind die Fragen, welche ich mit Hilfe einer empirischen Studie beantworten sollte. Die Ergebnisse der Erhebung möchte ich hier präsentieren, in der Hoffnung, die oben angeführten Fragen beantworten zu können.

In dem Oberseminar der Didaktik haben wir uns mit vielen Beiträgen der veröffentlichten Praxis beschäftigt. Wir haben sie analysiert, stellten fest, was wir von ihnen erwarten, überprüften sie auf ihre Alltagstauglichkeit. Die große Frage des Seminars war die nach der Leistung der veröffentlichten Praxis. Wozu ist sie gut und kann man sie ohne weiteres umsetzen? Herr Körber sagte, sie sei dazu da, um „Das Rad nicht immer neu erfinden zu müssen". Heißt das, die veröffentlichte Praxis sollte lediglich nur einige Anregungen liefern? Dem Lehrer bei seiner Stundenkonzeption helfen, oder ihm die ganze Arbeit abnehmen? Um dies zu präzisieren, sollten einige Umfragen durchgeführt werden. Unter anderem sollten die Herausgeber und die Abnehmer befragt werden. Meine Aufgabe bestand darin, die zu befragen, die die veröffentlichte Praxis tatsächlich nutzen – die Lehrer, Referendare und Studenten. Die Umfrageergebnisse sollten uns deutlich vor die Augen führen, was die Abnehmer wünschen und was sie tatsächlich in den fachlichen Zeitschriften finden.

Erarbeitung der Umfrage[1]

Indikatoren

Zunächst bestand das Problem der empirischen Erhebung, wie immer, in der Wahl der geeigneten Fragen. Was sollte überhaupt beantwortet werden und wie können die Ergebnisse dann gemessen werden? Die Fragen, welche ich in der Einleitung formulierte, kann man zu einer zusammenfassen – der Frage meiner Umfrage: Leisten die Praxisbeiträge in fachdidaktischen Veröffentlichungen, was die Abnehmer von ihnen erwarten?

Da unsere Gruppe im Verlauf des Seminars bereits das erarbeitet hat, was in den Beiträgen von Bedeutung für den Abnehmer sein könnte, so habe ich diese Ergebnisse zur Formulierung meiner Fragen verwendet. Ich bemühte mich Fragen auszuwählen, die repräsentativ für die veröffentlichte Praxis wären. Veröffentlichte Praxis ist eine Sammlung von Unterrichtsentwürfen, welche einem Lehrer die Arbeit der Stoffvermittlung erleichtern sollten. Was also ist wichtig für einen solchen Unterrichtsentwurf?

In den meisten Fächern ist es wichtig, immer auf dem neuesten Stand zu bleiben, die neusten Informationen, Geschehnisse und Begebenheiten in den Unterricht mit einzuspannen. Die aktuellen, zeitgemäßen Informationen sind hierbei das geforderte Kriterium. Bei einigen Fächern muss man jedoch hier einen Abstrich bei der Auswertung machen, denn in Mathematik kommt es nicht unbedingt auf die Aktualität an.

Die Beiträge sollten nicht weit dahergeholt sein und Unterrichtskonzepte präsentieren, welche kaum durchzuführen sind. Das bezieht sich auch auf die Arbeitsform des Unterrichts – sie sollte so gewählt werden, dass der zu vermittelnde Informationsgehalt möglichst effektiv umgesetzt werden kann. Das bedeutet, dass die Arbeitsform

---

[1] Umfragebogen – siehe Anlage 1

bei einem Thema so gewählt werden sollte, dass die Schüler den größtmöglichen Lernerfolg erzielen können.

Um die Arbeit des Lehrers zu erleichtern und keine Verwirrung zu stiften, ist eine logische Strukturierung des Entwurfes von Bedeutung. Nicht nur der Lehrer profitiert davon, wenn er die Unterrichtsstunde klar und übersichtlich strukturiert. Vor allem profitieren die Schüler davon, denn sie können einen Zusammenhang zwischen verschiedenen Komponenten des Unterrichts erkennen. Je durchschaubarer die Stunde ist, desto einfacher lässt sich ihr „fragender" Anfang mit dem „beantwortenden" Ende verknüpfen. Dies leistet eine gute und logische Struktur des Entwurfes.

Da in der Schulpraxis oft die gleichen Unterrichtsmethoden eingesetzt werden, die sich seit Jahren etabliert haben, sollte es ein Anliegen der veröffentlichten Praxis sein, neue bzw. andere Methoden zu präsentieren. Das Lehrer-Schüler-Gespräch oder der Frontalunterricht werden von der Pisastudie sehr kritisiert, daher ist es wichtig Alternativen aufzuzeigen, Unterrichtsentwürfe anhand anderer Methoden zu präsentieren (Unterricht an Stationen, kreatives Schreiben, offener Unterricht, etc.), um Lehrern einen anderen Weg zur Unterrichtsdurchführung einfacher zu machen.

Was wäre wünschenswerter als eine rege Diskussion im Klassenzimmer an der sich alle beteiligen und ein Jeder seine eigene Meinung hat die er/sie auch argumentativ vertreten kann. Um eine solche Idealsituation zu erschaffen, reicht es nicht aus, ein Thema einzuführen und auf Beiträge zu warten, bzw. sie mit Fragen zu erzwingen. Es wäre vielmehr wünschenswert, ein bestimmtes Thema von vielen verschiedenen Perspektiven zu betrachten, mehrere, auch sich ausschließende Meinungen dazu zu hören. Auf diese Weise könnten Schüler einige der Meinungen vertreten und gleichzeitig andere missbilligen. Auf dieser Basis lässt sich eine Diskussion *aus Interesse* entfachen, nicht bloß um den Lehrer „ruhig zu stellen". Die veröffentlichte Praxis sollte demnach daran interessiert sein, die präsentierten Themen kontrovers und abwechslungsreich darzustellen. Dies könnte auch einen Einfluss auf den vorherigen Punkt haben – die Unterrichtsmethoden. Diese könnten dann z.B. in einem Diskussionsbeitrag oder einem Rollenspiel münden.

Die Beiträge sind ein Wegweiser für die Schulpraxis. Man kann einen eigenen Weg gehen oder den Wegweiser nutzen. Doch um genutzt zu werden, muss er die Richtung präzise anzeigen. So sollten die Unterrichtskonzepte alltagstauglich, leicht in der Praxis umzusetzen, sinnvoll sein. Beschreiben sie komplizierte, nur schwer durchführbare Experimente, so werden sie ignoriert. Mit einem Beitrag der veröffentlichten Praxis sollte ein Lehrer in der Lage sein, beinahe aus dem Stehgreif eine Unterrichtsstunde zu halten. (Vorausgesetzt die Anpassung des Konzepts an die jeweilige Klasse.) Die Beiträge können kaum universell sein, doch sollten sie sich darum bemühen, der Schulpraxis gerecht zu werden.

Neues Material zu finden ist heutzutage nicht mehr so schwer wie vor einigen Jahren. Das große Problem besteht nicht mehr im Mangel an Materialien, vielmehr besteht es darin, dass ein Lehrer geradezu mit einer Lawine von nutzlosen Informationen konfrontiert wird, aus der er die geeigneten heraussuchen muss. Die veröffentlichte Praxis bietet sich da als eine gute Quelle an, um gute, brauchbare Materialien zur Verfügung zu stellen. Außerdem sollten dort gleichzeitig Vorschläge zur Umsetzung des Materials gemacht werden, d.h. Hinweise gegeben werden, mit welchen Medien sich der Unterricht am besten (in diesem konkreten Fall) bestreiten lässt.

Um Schüler zu motivieren, sie an dem Unterrichtsstoff zu interessieren und so einen großen Lernerfolg zu erzielen, ist es wichtig, so oft als möglich interessante Inhalte zu behandeln. Dies ist das Hauptanliegen der Schule – den Schülern etwas neues, wichtiges beizubringen, das ihr Interesse weckt, so dass sie die Schule als eine Institution begreifen, in der sie tatsächlich für sich selbst, nicht für das Lehrerkollegium lernen.

Jeder Lehrer ist ein Individuum, das seinen Unterricht auf eigene Art und Weise konzipiert. Die veröffentlichte Praxis sollte darum bemüht sein, Lehrer anzuregen und ihnen neue Ideen zu liefern. Womöglich ist es ja geradezu erwünscht, dass die Unterrichtsinhalte nur locker skizziert werden, so dass der Lehrer nur einige ihrer Komponenten nutzt, um sie in sein eigenes Konzept zu integrieren.

Bei einem Unterrichtsentwurf eines Studenten, Referendars oder auch Lehrers wird immer eine pädagogische und fachliche Begründung verlangt. Die verwendeten Materialien sollen legitimiert werden, die Methoden und Ziele begründet und erklärt. Wie wichtig ist es der veröffentlichten Praxis eine solche Legitimation aufrecht zu erhalten. Ist es auch den Abnehmern wichtig? Fachwissenschaftliche Begründung sollte an den Entwürfen nicht fehlen, doch wie ist es in Wirklichkeit?

Als letzten Punkt fügte ich eine Spalte mit der Überschrift „Persönliche Anmerkungen" dem Fragebogen hinzu, in der Hoffnung, die Lehrer wurden sich noch anderweitig zu dem Thema der veröffentlichten Praxis äußern.

Vorgesehene Messmethode

Da ich davon ausgehe, dass die Befragten sich mit der Materie gut auskennen, werde ich generalisierend vorgehen. Man kann nicht verlangen, dass die Befragten sich an jeden einzelnen Beitrag erinnern, so muss ich davon ausgehen, dass der Gesamteindruck gemessen wird. Die Beiträge weisen auch hohe qualitative Unterschiede auf. Aus diesem Grund habe ich mich für die einfachste Form der Befragung entschieden: Für eine ja/nein Antwort ohne weitere Bewertung. Die Überlegung, keine Skala (z.B. 1-6, wie die Schulnoten) einzuführen, begründet sich mit den Qualitätsunterschieden der veröffentlichten

Praxis. Da jeder schon sehr gute bis schreckliche Beiträge gesehen hat, so führe die Einführung einer Skala vermutlich nur dazu, dass die meisten Fragen zu der Mitte tendieren würden.

Die Befragten

Ich befragte Lehrer, Referendare und Studenten. Leider waren die Referendare in der Unterzahl. Insgesamt habe ich 70 Personen befragt und die Ergebnisse ausgewertet. Davon 44 praktizierende Lehrer, acht Referendare und 18 Studenten. Um eine solche Anzahl an Befragten zu erreichen, habe ich darauf verzichtet, fachspezifische Untersuchungen durchzuführen, d.h. ich habe nicht darauf geachtet, ob die Befragten Geografie unterrichten. Ich gehe davon aus, dass die veröffentlichte Praxis in jedem Fach besondere Leistung zur Tage bringt und in jedem Fach ihre Spezifika hat. Deswegen ist die befragte Gruppe umso repräsentativer, je mehr verschiedener Fächer sie umspannt.

Durchführung

Ich verschickte mit Hilfe meines ehemaligen Professors der Erziehungswissenschaften den Befragungsbogen an etwa 100 verschiedene Schulen in Deutschland. Dadurch hatte ich eine recht große Chance, außer von praktizierenden Lehrern auch Antworten von Referendaren zu bekommen. Die 18 befragten Studenten studieren zu zwei dritteln an der FU Berlin und die restlichen sechs an der HU Berlin. Sie befragte ich persönlich. In beiden Fällen garantierte ich sowohl den Befragten als auch den Schulen vollständige Anonymität.
Die Antworten habe ich tabellarisch festgehalten, um sie später grafisch darzustellen.
Allen Fragebögen lag folgender Brief bei:

Sehr geehrte Damen und Herren!

Ich bin ein Student der FU Berlin und nehme zur Zeit an einem Seminar teil, das die veröffentlichte Praxis zu untersuchen versucht. Meine Aufgabe besteht darin, eine Befragung der „Zielgruppe" durchzuführen. Uns interessiert die Meinung der praktizierenden Lehrer, Referendare und Studenten.

Nutzen Sie das Angebot der veröffentlichten Praxis? Was erwarten Sie von den Beiträgen? Erfüllen sie Ihre Erwartungen und Wünsche?

Da ich das Ergebnis der Umfrage bereits am 15.07.2002 präsentieren soll, wäre ich Ihnen für eine baldige Antwort sehr dankbar.

Die Umfrage garantiert Ihnen als auch ihrer Schule vollständige Anonymität.

Mit freundlichen Grüßen

Bartosz Nowak

Die Ergebnisse der Umfrage

Gesamterhebung

- In der ersten Abbildung lässt sich deutlich erkennen, dass die Balken, welche die Wünsche bezüglich der veröffentlichten Praxis symbolisieren, meist höher sind als die, die die Realität darstellen.

- Über 80% der Befragten wünschen sich Aktualität und zeitgemäße Informationen in den Entwürfen, jedoch nur 50% ist der Meinung, dass man diese tatsächlich in der veröffentlichten Praxis finden kann.

- Die gewählten Formen des Unterrichtens scheinen auf Zustimmung der Befragten zu stoßen. 32 von 42 finden ihre Vorstellungen von passenden Arbeitsformen in den fachdidaktischen Zeitschriften wieder.

- Die Struktur der Beiträge scheint außer Frage zu stehen – die Zahl des tatsächlich Vorhandenen übertrifft hier sogar die Wünsche der Lehrer.

- Der Wunsch nach Anregung zu Verwendung neuer Unterrichtsmethoden wird laut des Diagramms beinahe erfüllt, auch wenn er nicht so stark ausgeprägt ist. (Lediglich 50 % halten diesen Punkt für wünschenswert.)

- Die erste große Enttäuschung spiegelt sich in dem Punkt: Verschiedene Sichtweisen und Konzeptionen zu einer Thematik wieder. 67 Stimmen sind dafür, doch nur 31 sind der Meinung, dies trifft auch in der Realität zu.

- Eine noch größere Illusion findet sich in dem Glauben, die veröffentlichte Praxis eigne sich zur sofortigen, problemlosen Umsetzung: Nur 18% sehen die Beiträge als alltagstauglich an, wobei über 97% es sich wünschen würden.

- Den Wunsch nach neuem Material erfüllt die veröffentlichte Praxis ohne große Mühe.

- Die Inhalte der Beiträge sollten jedoch laut den Befragten deutlich interessanter sein.

- Die veröffentlichte Praxis wird laut dieser Befragung weniger dazu verwendet, Unterricht so durchzuführen, wie es dort beschrieben steht, sondern eher, um sich Anregungen für den eigenen Unterricht zu holen.

- Die Methoden und Ziele der Beiträge scheinen kaum begründet, es ist aber auch nicht für viele von Bedeutung.

Im Großen und Ganzen kann man sagen, dass folgende Punkte besonders wichtig erscheinen:

Die Aktualität (die nur befriedigend beurteilt werden kann), der logische Entwurf des Unterrichtskonzeptes (der ohne jeden Zweifel erfüllt ist), verschiedene Sichtweisen und Perspektiven eines Themas sowie die problemlose Umsetzung in die Praxis (welche kaum in der Lage sind, die gestellten Anforderungen zu erfüllen und die zwei größten Enttäuschungen der veröffentlichten Praxis bilden), die Quelle für neue Materialien und die interessanten Inhalte.

Die Befragten haben ihre Wünsche klar geäußert und das Ergebnis kann man folgendermaßen beschreiben: Es wird von der veröffentlichten Praxis nicht übermäßig stark verlangt, dass sie passende Arbeitsformen und Unterrichtsmethoden beschreibt, es wird auch nicht gewünscht, Methoden und Ziele zu begründen. Die Beiträge sollten dafür logisch aufgebaut sein, aktuell, materialreich, verschiedene Perspektiven eines Themas präsentieren und sich vor Allem gut in die Praxis umsetzen lassen. Die Wünsche werden jedoch nur zum Teil erfüllt, denn die letzten beiden Punkte werden nicht einmal ansatzweise erfüllt. Deswegen wird die veröffentlichte Praxis meist dazu genutzt, den Lehrenden lediglich nur Anregungen zu liefern. Sie ist eine Hilfe, um auf dem neuesten Stand der Didaktik zu bleiben, sich aktuelles Material zu besorgen, womöglich um sich über interessante Inhalte zu informieren.

Betrachtet man das Diagramm allerdings unter einem anderen Gesichtspunkt, so muss man leider feststellen, dass es den Lehrenden fast gar nicht auf die didaktischen Inhalte ankommt (Arbeitsformen oder Unterrichtsmethoden). Sind alle so versiert auf diesem Thema? Oder ist es der „bequeme" Lehrer der hier zum Vorschein kommt?

Im weiteren Teil der Arbeit habe ich die Ergebnisse nach Berufsständen aufgeschlüsselt, so dass einerseits dieser Frage nachgegangen werden kann und andererseits sichtbar wird, welche Inhalte wem wichtig erscheinen.

Aufschlüsselung nach den Berufsständen

Lehrer

Betrachtet man die Abbildungen 2. und 3., so kann man erkennen, dass die didaktischen Inhalte der veröffentlichte Praxis überwiegend die Referendare und Studenten ansprechen, den praktizierenden Lehrern sind diese Punkte nicht besonders wichtig. (94% der Studenten wünscht sich die Beschreibung passender Unterrichtsformen, nur 44% finden sie allerdings in den Beiträgen.)
Den Lehrern kommt es auf die Aktualität an, den logischen Aufbau, das Material, die unterschiedliche Darstellung einer Thematik, auf interessante Inhalte und problemlose Umsetzung. Das ist eine sehr pragmatische Herangehensweise, die nur an dem „Handwerkszeug" des Unterrichts interessiert ist. Die Lehrer fordern von der veröffentlichten Praxis Beiträge, die sich an die Schulrealität anpassen lassen, die nicht langweilig sind und den Lehrer in seiner Praxis entlasten. In ihren Wünschen scheinen sie aber enttäuscht, denn nur knapp 40% der Lehrer sind der Meinung, die Beiträge seien aktuell oder interessant. Sie sind zwar logisch aufgebaut, lassen sich jedoch ohne grundsätzliche Bearbeitung kaum in einer Klasse anwenden. Die praktizierenden Lehrer nutzen die veröffentlichte Praxis, um sich Anregungen und Ideen zu holen (93%!!) und um schnell an neues Material zu kommen (50%).

Referendare und Studenten

Ich fasse die zwei Berufsstände zusammen, da sie sich in der Umfrage kaum voneinander abheben.

Sowohl die Referendare als auch die Studenten sind sehr an den didaktischen Inhalten interessiert. Die Arbeitsformen und Unterrichtsmethoden werden sehr gewünscht, von den Studenten noch mehr als den Referendaren (94%). Leider werden diese Hoffnungen nur zum Teil erfüllt. Nur etwa die Hälfte der Referendare und Studenten sind der Meinung, dass die veröffentlichte Praxis passende Arbeitsformen zum jeweiligen Beitrag beschreibt. Die Beschreibung geeigneter Unterrichtsmethoden finden jedoch 50% der Referendare und 94% der Studenten in den Beiträgen wieder.

Ähnlich wie die Lehrer wünscht sich diese Gruppe die Aktualität (wobei es für die Studenten noch nicht so große Bedeutung zu haben scheint), interessante Inhalte, verschiedene Darstellungen einer Thematik, eine Materialquelle, logische Struktur (wobei die Referendare dies als kein sehr wichtiges Kriterium ansehen) und die Alltagstauglichkeit. Ähnliche Wünsche münden hierbei in ähnlichen Enttäuschungen, denn die Beiträge sind zwar logisch aufgebaut und liefern auch Material, doch präsentieren sie kein Thema aus einer anderen Perspektive und die problemlose Umsetzung in die Praxis wird als nahezu unmöglich betrachtet (Studenten: 11%). Anders als die Lehrer jedoch suchen sie nach Legitimierung der Ziele und Methoden, werden aber auch hier enttäuscht (83% wünscht sich eine Legitimierung, nur 39% findet sie tatsächlich in den Beiträgen).

Persönliche Anmerkungen

Einige der Befragten äußerten ergänzende Beiträge:

Die Beiträge erfüllen in keiner Weise die Erwartungen, die meine Kollegen und ich an sie stellen. Sie sind meist kaum erprobt, die Vorschläge unbrauchbar. Das einzig Brauchbare an ihnen, sind die Materialien, wobei die ebenfalls oft unrealistisch (Versuchsbeschreibungen) und/oder veraltet sind.

Ihre Nachfrage hat mich sehr gefreut. Leider muss ich feststellen, dass die Praxisbeiträge nicht in der Lage sind, das zu halten was sie versprechen. Abgesehen von immer wiederkehrenden Fehlern sind sie nicht universell und müssen ständig neu bearbeitet werden.

Benutze die Dinger bloß nicht! Ich mache hier gerade mein Praktikum und habe ein Artikel aus PraxisDeutsch verwendet. Die haben mich auseinander genommen. Ich dachte in diesen Zeitschriften veröffentlichen praxisgewandte Pädagogen, aber nach der heutigen Kritik vermute ich, dass es nur Stümper sind, die nie unterrichtet haben, dafür nur theoretisch versiert sind!

Die veröffentlichte Praxis hilft mir persönlich sehr in meinem Referendariat. Es sind zwar nicht die besten Vorschläge, sie bieten jedoch viele Anregungen und Ideen. Auf Aktualität kommt es mir in Mathematik nicht sonderlich an. Die methodischen Vorschläge sind dafür sehr anregend.

In meiner Referendariatszeit habe ich oft mit solchen Vorschlägen gearbeitet. Hauptsächlich in dem Fach Chemie. Einige Zeit lang habe ich sogar ein Abonnement abgeschlossen und einige Fachzeitschriften regelmäßig bezogen. Es stellte sich allerdings als eine unmögliche Aufgabe heraus, all das Material zu bearbeiten.
Heute verlasse ich mich eher auf meine praktischen Erfahrungen aus dem Schuldienst. Ein trockener, allgemeiner Unterrichtsentwurf ersetzt nie die Arbeit eines Pädagogen.

Es sind die Anregungen, die so wichtig für die Schularbeit sind. In meiner Unterrichtspraxis bin ich immer um eine Abwechslung bemüht. Die pädagogischen Fachzeitschriften bieten eine Möglichkeit, eine bestimmte Einheit aus vielen Perspektiven zu betrachten. Thematischer Wechsel und die Abwechslung im Thema selbst sind die Komponenten, die ich immer umzusetzen versuche.

Die Beiträge scheinen das Umfrageergebnis zu bestätigen (eingeschlossen der recht lustigen aber doch enttäuschten Warnung eines Kommilitonen). Die Befragten sind der Meinung, die veröffentlichte Praxis leiste viel im Bereich neuer Ideen und Anregungen, womöglich bietet sie eine Möglichkeit, an neues Material heranzukommen. Die überwiegende Meinung kritisiert die veröffentlichte Praxis als nicht in der Praxis umsetzbar. „Es sind die Anregungen, die so wichtig für die Schularbeit sind." – Dieses Zitat gibt am deutlichsten die Meinung der Lehrer wieder. Die veröffentlichte Praxis dient als Instrument zur Ideengewinnung.

Fazit

Man kann sofort eine Diskrepanz zwischen den Lehrerwünschen und der Wünschen der Studenten und Referendare erkennen. Diese wird ganz deutlich sichtbar, wenn man den didaktischen Aspekt betrachtet. Den praktizierenden Lehrern ist die Frage nach Methodik und Arbeitsform nicht so wichtig. Sie erwarten diese nicht, da sie entweder auf ihre Praxiserfahrungen bauen und nicht Willens sind, sich neue Ideen aus diesem Bereich anzueignen, oder sie sind bereits schon in verschiedenen Arbeitsformen und Methoden sehr versiert. Laut der Pisastudie wäre das zu bezweifeln... Die Studenten und Referendare interessieren sich umso mehr für diese Themen, da sie vermutlich selbst voller Ideen sind und diese ausprobieren möchten. Daher finden sie die Beiträge in dieser Hinsicht anregend und aufbauend.
Die Aktualität scheint einen besonderen Stellenwert in der Umfrage einzunehmen. Die Streuung reicht nämlich von 86% bei den Lehrern bis 44% bei den Studenten. Es kann mit den unterrichtenden Fächern zusammenhängen oder mit der Schulpraxis der Lehrer – denen klar ist, dass Aktuelles viel mehr motiviert als Veraltetes. Beide Gruppen finden jedoch, mindestens zur Hälfte, die Beiträge recht aktuell.

Der Aufbau und die Struktur der Entwürfe erscheinen fast allen logisch, ebenso die Materialvielfalt.

Beide Gruppen, sowohl die Praktiker als auch die Studierenden bringen jedoch mit diesem Umfrageergebnis eines zum Ausdruck: Die veröffentlichte Praxis wird überwiegend dazu genutzt, Anregungen zu erhalten und Ideen zu entwickeln, sie ist eine Quelle für recht aktuelles Material und Informationen. Klammert man das Interesse der Studenten und Referendare nach der Legitimierung der Ziele und Methoden, sowie die didaktischen Inhalte, die hier bereits thematisiert worden sind, so bleibt der Wunsch beider Parteien: Die veröffentlichte Praxis muss Inhalte behandeln, die den Schüler interessieren, diese Inhalte sollte sie kontrovers darstellen, Perspektiven schaffen.

Dass die Entwürfe nicht sofort in die Praxis umgesetzt werden können, ist verständlich, da sie auf die jeweilige Situation, Klasse etc. zugeschnitten werden müssen. Nichts desto trotz sollten sie universeller werden, mit Berücksichtigung des Klassenstufenniveaus, denn ohne eine gründliche Bearbeitung sind sie kaum anwendbar.

ılage 1

Umfrage zum Thema :

sten die Praxisbeiträge in fachdidaktischen Veröffentlichungen,
s die Adressaten von ihnen erwarten?

sind von Beruf:

ırer ○
ˈerendar ○
ɪdent ○

Leisten die Praxisbeiträge in fachdidaktischen Veröffentlichungen, was Sie von ihnen erwarten?

vartung	wünschenswer	tatsächlich vorhanden
uelle, zeitgemäße Informationen	○	○
n Unterricht passende Arbeitsformen	○	○
ɟische Strukturierung des Entwurfes	○	○
ˈegung zu Verwendung neuer/anderer Unterrichtsmethoden	○	○
ɪschiedene Sichtweisen und Konzeptionen zu einer Thematik	○	○
ˈblemlose Umsetzung in der Praxis (Alltagstauglich)	○	○
e Quelle für neues Material bzw. Medien	○	○
ɪrresante Inhalte	○	○
ˈ Entwurf soll lediglich nur Anregungen liefern	○	○
ɪthoden und Ziele sollen begründet und legitimiert werden	○	○
ˈsönliche Anmerkungen		

Dieser Fragebogen wurde erstellt und an 100 Schulen geschickt um ein repräsentatives Ergebnis erhalten zu können.

Die Beiträge erfüllen in keiner Weise die Erwartungen, die meine Kollegen und ich an sie stellen. Sie sind meist kaum erprobt, die Vorschläge unbrauchbar. Das einzig Brauchbare an ihnen, sind die Materialien, wobei die ebenfalls oft unrealistisch (Versuchsbeschreibungen) und/oder veraltet sind.

Ihre Nachfrage hat mich sehr gefreut. Leider muss ich feststellen, dass die Praxisbeiträge nicht in der Lage sind, das zu halten was sie versprechen. Abgesehen von immer wieder kehrenden Fehlern sind sie nicht universell und müssen ständig neu bearbeitet werden.

Benutze die Dinger bloß nicht! Ich mache hier gerade mein Praktikum und habe ein Artikel aus PraxisDeutsch verwendet. Die haben mich auseinandergenommen. Ich dachte in die sen Zeitschriften veröffentlichen praxisgewandte Pädagogen, aber nach der heutigen Kritik vermute ich, dass es nur Stümper sind, die nie unterrichtet haben, dafür nur theoretisch versiert sind!

Die veröffentlichte Praxis hilft mir persönlich sehr in meinem Referendariat. Es sind zwar nicht die besten Vorschläge, sie bieten jedoch viele Anregungen und Ideen. Auf Aktualität kommt es mir in Mathematik nicht sonderlich an. Die methodischen Vorschläge sind dafür sehr anregend.

In meiner Referendariatszeit habe ich oft mit solchen Vorschlägen gearbeitet. Hauptsächlich in dem Fach Chemie. Einige Zeit lang habe ich sogar ein Abonnement abgeschlossen und einige Fachzeitschriften regelmäßig bezogen. Es stellte sich allerdings als eine unmögliche Aufgabe heraus, all das Material zu bearbeiten.
Heute verlasse ich mich eher auf meine praktischen Erfahrungen aus dem Schuldienst. Ein trockener, allgemeiner Unterrichtsentwurf ersetzt nie die Arbeit eines Pädagogen.

Es sind die Anregungen, die so wichtig für die Schularbeit sind. In meiner Unterrichtspraxis bin ich immer um eine Abwechslung bemüht. Die pädagogischen Fachzeitschriften bieten eine Möglichkeit eine bestimmte Einheit aus vielen Perspektiven zu betrachten. Thematischer Wechsel und die Abwechslung im Thema selbst sind die Komponenten die ich immer umzusetzen versuche.

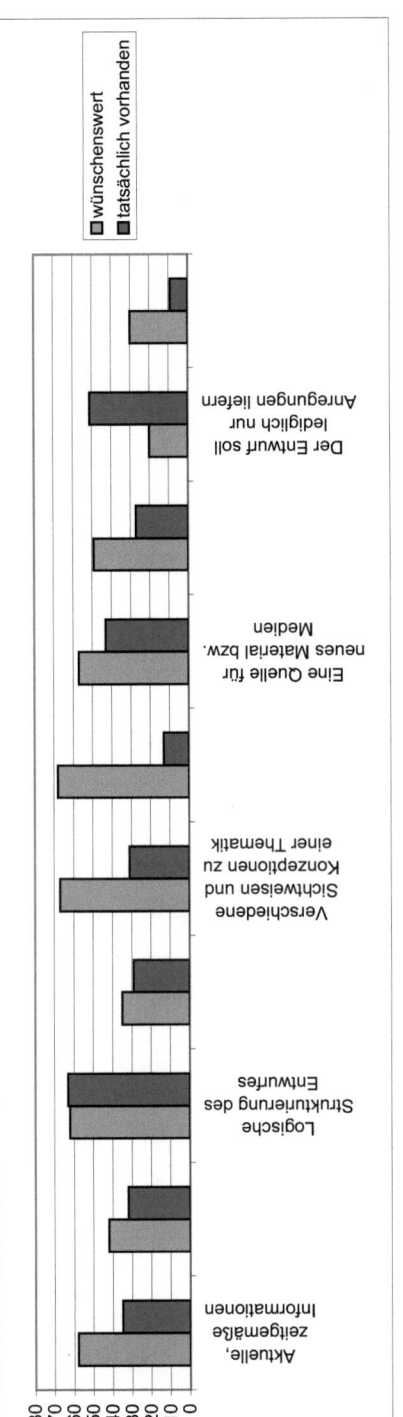

	wünschenswert	tatsächlich vorhanden
Aktuelle, zeitgemäße Informationen	58	35
Zum Unterricht passende Arbeitsformen	42	32
Logische Strukturierung des Entwurfes	62	63
Anregung zu Verwendung neuer/anderer Unterrichtsmethoden	35	29
Verschiedene Sichtweisen und Konzeptionen zu einer Thematik	67	31
Problemlose Umsetzung in der Praxis (Alltagstauglich)	68	13
Eine Quelle für neues Material bzw. Medien	57	43
Interressante Inhalte	49	27
Der Entwurf soll lediglich nur Anregungen liefern	20	51
Methoden und Ziele sollten begründet und legitimiert werden	30	9

BEI GRIN MACHT SICH IHR WISSEN BEZAHLT

- Wir veröffentlichen Ihre Hausarbeit,
  Bachelor- und Masterarbeit

- Ihr eigenes eBook und Buch -
  weltweit in allen wichtigen Shops

- Verdienen Sie an jedem Verkauf

Jetzt bei www.GRIN.com hochladen und kostenlos publizieren